课本里学不到的

疯狂科学实验

游戏与探究

段伟文　主编

中国科学技术出版社

·北 京·

图书在版编目(CIP)数据

课本里学不到的疯狂科学实验. 游戏与探究 / 段伟
文主编. -- 北京：中国科学技术出版社，2022.10
ISBN 978-7-5046-9800-1

Ⅰ. ①课… Ⅱ. ①段… Ⅲ. ①科学实验—青少年读物
Ⅳ. ①N33-49

中国版本图书馆CIP数据核字（2022）第164772号

前言

　　科学素质是公民素质的重要组成部分，也是少年儿童成长为合格公民的必备素质。科学素质的基础是了解必要的科学技术知识，掌握基本的科学方法，树立科学思想，崇尚科学精神。科学素质的培养要从娃娃抓起，为了成长为建设创新型国家的主力军，广大少年儿童不仅要掌握必要的和基本的科学知识与技能，还要积极开展各种生动有趣的科学实验，从中体验科学探究活动的过程，培养良好的科学态度、情感与价值观，将自己造就为具有创新意识、探究兴趣和实践能力的有用之才。

　　科学探究的动力来自人们对自然界与生俱来的好奇心。边缘长满小齿的草叶让鲁班发明了锯，头顶上的浩瀚星空使托勒密和哥白尼想到了宇宙体系，对教堂里吊灯微微摆动的关注使伽利略发现了单摆的等时性，对苹果落地的好奇让牛顿找到了万有引力，对孵小鸡都感到新奇的好奇心让爱迪生给人类带来了电灯、留声机等数以千计的发明。利用自然的力量造福人类的理想，为我们带来了日新月异的科技文明。作为现代文明标志的电话、电视、汽车、计算机，无一不是科技的力量与人类的目标相结合的产物；绿色能源、深海潜水、载人航天的成功，无一不是创新与人类的需要相互激荡的结果。

　　科学并不神秘，更没有什么代表科学力量的"魔法石"，科学的本质在于好奇心和造福人类的理想驱使下的探索和创新。大自然喜欢隐藏她的奥秘，往往不直接回应我们的追问，但只要善于思考、勤于动手、大胆假设、小心求证，每个人都能像科学大师一样——用永无止境的探索创新来开创人类的文明。

　　小朋友，快快翻开这套书，用你们与生俱来的好奇心和造福人类的纯真理想开创一条探索创新之路吧！

目　录

简单光通信

我们通过电话、传真、互联网等各种途径来互通信息。根据信号传递方式的不同分为电通信和光通信。所谓光通信就是指通过光波来传递信号，因其波长比电波短，所以比电通信频率高，传递信息量大，逐步成为通信发展的主要方向。

高科技的光通信原理非常复杂，需要很多的知识才能理解。下面，我们用一个非常简单的实验来了解一下光通信的基本物理原理。

探索主题

光通信

搜集资料

到图书馆或上网查找光通信、信号调制、太阳能电池原理等相关资料。

提出假说

声音是一种波。当光源连接到合适的电路上，光波会随着声波信号的改变而改变，即光调制。如果把这个调制后的光波收集后再现成声音信号，就可以再现先前的声音，从而实现光通信。

实验材料

1. 一支装三节电池的手电筒
2. 一颗长约 10 厘米的大铁钉
3. 漆包线若干
4. 两台录音机
5. 一个凸透镜
6. 一个太阳能电池
7. 两个音频接线器
8. 一块和手电筒电池等大的绝缘木头
9. 一把剪刀

安全提示

1. 使用剪刀要小心，不要伤着自己；
2. 凸透镜是玻璃制品，易碎，要小心使用；
3. 录音机的电源插头要安全使用，以防触电事故。

·实验设计·

把自制线圈串接到录音机的输出信号和电筒电路上，随着录音机声音的改变，实现音频信号对光信号的调制。经过调制后的光信号通过凸透镜会聚后照射到一个太阳能电池上，使光信号变成强度相应变化的电信号。用一台录音机记录下这个电信号，经过一定的信号放大、调制等过程，从而得到先前录音机播放的节目声音。

·实验程序·

1. 在铁钉上用漆包线绕成约150匝的线圈。
2. 把线圈两端分别与音频接线器a的两端相接；衔接后的两端，一个接头与第二节电池的负极相连，另外一个绕在电筒的后盖旋钮上（如下图左侧所示），加上木块，把电池接好。
3. 将音频接线器b的接线端接在太阳能电池的电极上。
4. 如下图所示，把各实验仪器安置到合适位置，音频接头a接在录音机A的输出端；音频接头b接在录音机B的输入端。
5. 打开录音机A的播放键，使其播放较大音量的节目。
6. 打开手电筒，使光平行入射到凸透镜上，然后会聚到太阳能电池上。

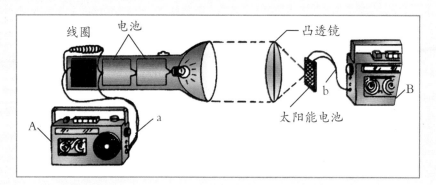

7. 打开录音机B的录音键，开始录音。

8. 改变录音机A的音量大小及太阳能电池与凸透镜的距离，同时录音。

9. 关闭各实验仪器，并整理好。打开录音机B，播放录下来的节目，比较是否与录音机A播放的节目相同，并仔细辨听有何区别。

·实验数据·　　　　节目效果比较

录音条件	录音和原声节目的效果比较
录音机A的音量大小变化	
凸透镜与太阳能电池距离变化	

分析讨论

1. 什么叫调制？本实验是如何实现输入信号的调制的？

2. 实验中的凸透镜的作用是什么？

3. 太阳能电池的作用是什么？

4. 录音机A的音量大小的改变和太阳能电池与凸透镜间距离的改变对录音效果是否有影响，为什么？

发散思考

1. 光通信的基本原理是什么？

2. 普通电话、手机、电脑网络等信息传递原理是一样的吗？

微型彩虹

夏天，大雨过后，天空有时会出现一道彩虹，十分美丽。但彩虹不是随时都可以看到的，下面我们就用一些简单的材料，利用光的干涉现象，人造一个微型彩虹。

其原理是：当光线照射到两个稍微隔开的物体表面时（上表面透明），两个物体表面的反射光叠加在一起，就会出现光的增强或减弱现象，这就是光的干涉，进而出现明暗的干涉条纹。如果是复合光照射到表面上，其所含的每一种单色光的波长不等，发生干涉的条件不同，则看到的干涉条纹就是五颜六色的，好似彩虹一般。

哇！天上的彩虹掉到水里啦！

· 探索主题 ·

光的干涉

搜集资料

到图书馆或上网查找光的干涉现象的相关资料。

提出假说

光具有波动性，那么，使光线在两个表面反射后叠加，就可以观察到干涉条纹。

实验材料

1. 两块整洁、透明而平滑的树脂片（6厘米×3厘米）
2. 一张黑色的纸
3. 一张绿色透明塑料纸
4. 一卷胶带
5. 一盏台灯

安全提示

实验时，要注意安全用电。

·实验设计·

把两块树脂片压在一起。在白光下，利用树脂片之间的残留的空气厚度不同，造成各种色彩的干涉条纹。用彩色塑料纸做滤光片，使单色光照在树脂片上，则可以得到单色的干涉条纹。

·实验程序·

1 把树脂片擦拭干净。

2 把两块树脂片贴在一起，用胶带把四周贴上。

3 把黑色的纸贴在一块树脂片后面。

4 打开台灯，关闭其他光源。

5 把有黑色纸张的一面放在下面，在台灯下观察树脂片上面的图案及其色彩。

6 用力在不同方向和位置按压树脂片，观察图案有何变化。

7 用绿色透明塑料纸挡住台灯的光线，重复以上实验，观察图案情况。

绿色透明塑料纸

· 实验数据 · 树脂片上的微型彩虹

观察方式	图案特征
直接在台灯下	
给台灯挡上绿色透明塑料纸后	

分析讨论

❶ 什么是光的干涉现象？

❷ 实验中的干涉图样是如何产生的？

❸ 黑色的纸有何作用？

❹ 绿色透明塑料纸的作用是什么？为什么看到的不再是五颜六色的彩虹了？

发散思考

❶ 自然界的彩虹和这个微型彩虹的形成原理一样吗？

❷ 干涉图样跟什么因素有关？

❸ 光的干涉条纹可以用来测试光滑工件的表面光滑度，你知道是为什么吗？

过山车模型

　　过山车是一种富有刺激性的娱乐工具。那种风驰电掣、有惊无险的快感令不少人着迷。如果你对物理感兴趣，那么在乘过山车的过程中不仅能够体验到冒险的快感，还有助于理解其中的科学原理。实际上，过山车的运动包含了许多物理学原理，人们在设计过山车时巧妙地运用了这些原理。如果能亲身体验一下由能量守恒、加速度和力交织在一起产生的效果，那感觉真是妙不可言。自己做个实验学习一下吧！

· 探索主题 ·

过山车的物理学原理

提出假说

过山车涉及能量守恒的原理。当你乘上过山车后，借着电力的推动，过山车会被带到很高的位置（如图中a所示），并具有一定的速度和动能。此

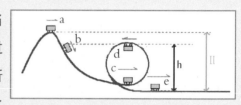

时，过山车相对于地面有很大的势能（离地面越高，势能越大）。在越过了最高点a之后，过山车便开始下滑，速度和动能不断增加（如图中b所示）。

根据能量守恒定律，过山车在这一过程中的势能会减小，并转化为动能。这样一来，过山车可以到达c、d和e处。当过山车到达d处时，由于车速足够快，就依然会沿着轨道运动，而不会落下来。

实验材料

1. 一个玻璃球
2. 塑料瓶若干
3. 一把剪刀

搜集资料

到游乐园亲身感受一下乘坐过山车的滋味。

安全提示

小心使用剪刀，避免剪开的塑料瓶茬口划破手指。

·实验设计·

设计一个简单的能量守恒实验，了解动能和势能的相互转换和机械能守恒。认真观察过山车的运动：在低处，动能最大，势能最小，过山车速度很快；在高处，势能增大，动能减小，速度较慢。

·实验程序·

① 用剪刀把塑料瓶的顶部与底部剪掉，形成一个圆柱体壳。

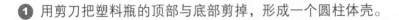
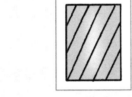

② 做五个这样的圆柱体壳。

③ 在四个圆柱体壳的一侧剪开一个小口（如下图），将小口的两边叠在一起，使瓶口变窄，然后插入另一个圆柱体壳未剪开的一端。

④ 把几个圆柱体壳依次插起来，每次都稍微带些弧度，最后形成一个C形。

⑤ 把圆柱体壳摆成立起的C形管，使劲向低处的管口抛入玻璃球，观察玻璃球在管道里的运动轨迹，是否会从另一端的口飞出。

⑥ 改变抛出玻璃球的速度，多试几次。

·实验数据·   观察实验结果

观测结果观测次数	第一次抛出	第二次抛出
玻璃球通过管1所用时间		
玻璃球通过管2所用时间		
玻璃球通过管3所用时间		
玻璃球通过管4所用时间		
玻璃球通过管5所用时间		
玻璃球从离开管5到落地所用时间		

分析讨论

① 玻璃球从管口飞出后，速度比进入时有什么变化？

② 玻璃球在管内的运动贴着哪一侧？

③ 如果从上边管口把玻璃球抛入，玻璃球滚出时的速度会增加吗？

④ 玻璃球从上边管口滚入到从下边管口滚出的时间与自由降落的时间哪个长？为什么？

发散思考

① 如果没有刹车，过山车什么时候才会停下来？

② 在过山车里，坐在哪个位置感受最刺激？为什么？

模拟气垫船

气垫船又叫"腾空船"，是一种利用空气的支撑力升离水面的船。这种船一出现立即受到全世界造船业的关注。航模里的气垫船比赛更是壮观，一艘艘船在水面上跑得飞快，简直不可思议。如果你仔细观察，会发现它们是在水上"飞"！

江湖上称我是"水上漂"，其实其中的秘密很简单！

· 探索主题 ·

气垫船减小阻力的原理

提出假说

20世纪50年代，英国电子工程师克利斯托弗·科克雷尔爵士在船舶设计中发现海水的阻力降低了船只的速度，于是萌生了要"把船舶的外壳变为一层空气"的念头。他经过大量的试验后，最终设计出了世界上第一艘气垫船。气垫船采用的是全浮式，是用空气螺旋桨推进（如同飞机的螺旋桨一样），船的底部四周装有尼龙橡胶布制成的"围裙"。

高压空气自船底射出，强有力的升力风扇将空气压入舰体底部的气室，把船体托出水面，在船底和水面之间形成气垫支撑船体的重量，以减少航行阻力，所以跑得飞快。

实验材料

1 剪刀、胶水
2 厚纸板、普通纸
3 吸管
4 气球

搜集资料

在航模馆、图书馆或上网查找气垫船的资料。

安全提示

使用剪刀时要小心手指。

·实验设计·

自己做一个气球造的"气垫船",体会摩擦力减小以后对物体运动的影响。

·实验程序·

❶ 用厚纸板按下图尺寸制作一个圆板及一个圆环(如果用塑料板制作更好)。然后用胶水把圆环贴在圆板的背面制成圆盘,并用厚重的书压平、晾干。

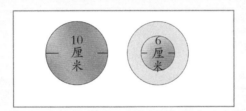

❷ 将普通纸用吸管卷成管状,要比气球口稍粗。

❸ 按照纸管粗细在圆盘中心点做切口。然后将纸管插入切口并粘住,干燥后再将气球口套在纸管口上。

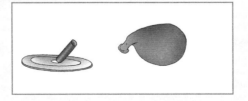

④ 通过纸管中的吸管向气球内吹气，等气球膨胀后抽出吸管，同时用手指压住气球口。

⑤ 圆盘向下，将带圆盘的气球放在平坦的桌面上，松开手指轻轻地向前推动气球，带圆盘的气球便会顺利地滑行。

⑥ 改变气球大小，重复步骤5。

·实验数据·

气球大小	滑行情况	滑行速度	滑行距离
气球较小			
气球较大			

分析讨论

① 为什么带圆盘的气球可以顺利滑行？

② 怎样才能使"气垫船"马上停下？

③ 带圆盘的气球为什么会慢慢停下来？

④ 气球为什么不会一下子飞走？

发散思考

① 气垫船是否可以在陆地上滑行？

② 汽车是否可以利用这种原理进行改造？

③ 如何控制气垫船的方向？

做一个小"足球"

1996年，诺贝尔化学奖得主是美国人罗伯特·柯尔、理查德·斯莫利和英国人哈罗德·克罗托。他们获奖的原因是发现了碳元素的第三种存在形式——"巴基球"（碳常见的两种形式是石墨和金刚石）。"巴基球"的学名叫碳60，顾名思义，它的分子由60个碳原子构成。从形状来看，"巴基球"中的碳原子构成了一个像足球一样的多面体，但它究竟是什么形状呢？这三位化学家成功地假定含有60个碳原子的碳60包含12个五边形和20个六边形，每个顶点上有一个碳原子，这样的碳簇球与足球的形状相近。下面，我们就来亲手制作这种神奇的多面体。

· 探索主题 ·

制作一个像足球一样的多面体

提出假说

　　人们通常认为，至少在公元前360年柏拉图的学生们已经开始学习五种正多面体：正四面体、正六面体、正八面体、正十二面体、正二十面体。它们之所以被称为"正"，是因为各种多面体的各个面均全等（形状、大小都相同），且为正多边形，每个正多面体的各边的长度和顶角均相等。1752年，数学家欧拉发现各种正多面体间的关系：面数+顶点数=边数+2（欧拉公式）。大家可通过制作"小足球"来验证一下。

搜集资料

　　到图书馆或上网收集与多面体、欧拉公式有关的知识。

实验材料

❶ 卡纸和彩纸

❷ 双面胶（或透明胶带）

❸ 剪刀（或美工刀）

❹ 铅笔

· 实验设计 ·

❶ 观察足球多面体的展开图。

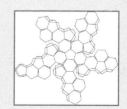

② 找出其中的三块由六边形组
成的图案，如右图，将其复
制并放大。

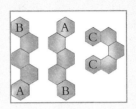

安全提示

使用刀具时应注意安全。

·实验程序·

① 将上图三个六边形组成的图案复制并
放大，带A、B的图案各复制并放大
一份，带C的图案复制并放大两份。

② 将复制放大后的图案用双面胶粘在卡纸上，并按
照图案剪成卡片。

③ 先后将标有A、B的两个图案中标有A、B的两个
边用双面胶或透明胶带粘在一起，这就是"足
球"的中间部分——"腰"。

④ 用双面胶将一个标有字母"C"图案的
卡片的两条边粘在一起，可得到一个由
五个六边形围绕着的五边形区域，这就
是"足球"的顶部——"盖"。由另一个标有
字母"C"图案的卡片也可以得到另一个相同
的"盖"。

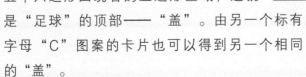

⑤ 将"足球"的"腰"和两个"盖"组合起来，再
粘上一层彩纸，就做成了一个"足球"。

·实验数据·

球的顶点数	球中五边形个数	球中六边形个数

分析讨论

1 "巴基球"有多少条棱?

2 你还有更好的办法制作一个"巴基球"吗?

发散思考

1 正多面体有几种?

2 你能够设计一种形状更加独特的足球吗?

你知道吗?

1. 你见过如图1所示的多面体吗?

2. 你见过如图2所示的展开图吗?

3. 你能做出如图3所示的模型吗?

正四面体　　正八面体

正十二面体

正六面体(立方体)

图2

正四面体	正六面体	正八面体
正十二面体	正二十面体	巴基球1
巴基球2	切角正十二面体	足球

图1

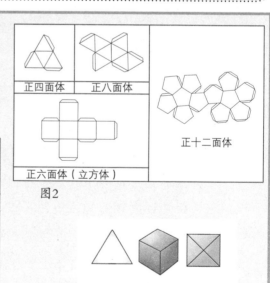

图3

声音与振动

每天早晨，我们会听到闹钟叫我们起床。上课的时候，我们能听到老师在课堂上用清晰的声音传授我们知识。在林荫路上散步或到风景胜地旅游时，我们能听到小鸟婉转的啼鸣……

那么这些美妙的声音是怎样产生的呢？当你说话的时候，用手触摸喉部，是不是感觉到喉部在振动？其实喉部的振动是由声带的振动引起的，而且所有的声音都是由声源的振动产生的，通过下面的实验我们来看看其中的道理。

· 探索主题 ·

声音的产生

搜集资料

到图书馆或上网查找科普书籍，熟悉声音的定义和它产生的原理。

提出假说

声音是由振动产生的。当物体发出声音时，声源不断振动，引起离声音最近的媒质中的粒子开始振动。它们碰撞其他粒子，从而引起其他粒子也振动。这些振动传到我们的耳朵里，我们就听到声音了。

实验材料

❶ 一面小鼓

❷ 一根鼓槌

❸ 一些豆子

❹ 一个大圆盘(要比鼓的面积大一些)

❺ 带扬声器并能够工作的旧收音机

❻ 纸屑

安全提示

❶ 敲击鼓面的时候不要用太大的力气，防止把鼓敲破。

❷ 不要用尖锐的东西敲击鼓面，防止鼓面被戳破。

❸ 尽量不要让豆子掉在地上，如果有，应该马上捡起来，避免走路时因为踩到豆子而滑倒。

❹ 要用干电池作为收音机电源，不要使用交流电。危险！

· 实验设计 ·

用鼓槌击鼓的表面，可以听到鼓声。这是因为鼓面振动使声音产生功能。为了更好地表现振动现象，在鼓面上放一些豆子，看看有什么样的效果。轻轻敲击鼓面，仔细听声音，观察豆子的振动。用力敲击鼓面，看看不同力气敲击鼓面产生的效果有什么差别。

· 实验程序 ·

1. 用鼓槌轻轻敲击鼓面，听鼓声并把手轻轻放在鼓面上，体会手的感觉并记录下来。

2. 用鼓槌大力敲击鼓面，听鼓声并把手轻轻放在鼓面上，体会手的感觉并记录下来。

3. 将小鼓放在大圆盘中，把豆子放在鼓面上，用鼓槌轻轻敲击鼓面，观察豆子的活动。

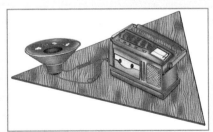

4. 再次把豆子放在鼓面上，用鼓槌用力敲击鼓面，观察豆子的振动。

5. 小心地打开收音机，拧开固定扬声器的螺钉（或打开固定插销），在保持线路连接的情况下，将扬声器喇叭口向上平放。

6. 在喇叭口上撒一些纸屑，打开音量开关，选一个台或放磁带，调节音量大小，观察纸屑的振动。

· 实验数据 · 手的感觉和鼓面上豆子的振动

敲击力度	鼓声大小	手的感觉	豆子的活动
轻轻敲击			
用力敲击			

音量大小与纸屑振动情况

音量	纸屑的振动
较小	
较大	

分析讨论

❶ 豆子和纸屑的作用是什么?

❷ 鼓声的大小跟什么有关?

发散思考

❶ 敲击鼓面的时候,如果把手用力压在鼓面上,手有什么样的感受?

❷ 敲击鼓面发声的道理和我们振动声带发声的道理一样吗?

❸ 你能为失声的人设计一个语音合成器吗?

回声是怎么回事呢？

　　沿着水面传播的水波，在遇到障碍物时就要反射回来，同样，声波在遇到障碍物时也要反射回来。反射回的声波传到我们的耳朵里，就形成了回声。在山谷里，我们常常能听到我们呼喊的回声，平时为什么自己听不到回声呢？这与距离有关吗？为什么在房间说话比在操场上说话声音大？今天我们就来研究一下回声在什么距离内能被分辨出来。

· 探索主题 ·

回声、交混回响

提出假说

如果回声是在直接听到的声音的感觉消失以后，才传到我们的耳朵里，那么我们就能把回声跟原来的声音区分开来。我们的耳朵能分辨比原来的声音落后0.1秒以上的回声。空气中的声速约为340米/秒，由计算可知，观察者至少要离开障碍物17米远，要不然，我们对原来声音的感觉还没消失，回声又传到我们的耳朵里，这样回声就跟原来的声音混在一起，使它的响度增大，我们就无法分辨了。

搜集资料

到图书馆或上网查阅有关声音的反射、回声等相关资料。

实验提示

实验时应事先联系，勿惊扰和影响别人，以免实验受阻。

实验材料

1️⃣ 秒表

2️⃣ 话筒

3️⃣ 各种大小的空房间（25平方米、100平方米、400平方米）

4️⃣ 操场

5️⃣ 山谷

·实验设计·

在不同的房间里呼喊、观察喊声与回声是否能分清。记下从发音到听见回声的时间，测量与障碍物的距离。

·实验程序·

❶ 在大小不同的房间里的一侧墙边，用话筒喊一声（或击一下掌），听回声，比较区分回声和原声的难易程度。

❷ 到一个操场的中心，用话筒喊一声，听是否有回声，原声是否像在房间里那样浑厚。

❸ 在条件允许的情况下，到一个山谷，重复实验，用秒表记下回声和原声的时间间隔，估计与障碍物的距离。

· 实验数据 ·

试验场地，与反射面的距离（米）	间隔的时间（秒），是否容易区分

分析讨论

① 为什么较近的障碍物反射的回声不能分辨？

② 怎样用发声到听见回声的时间间隔计算与障碍物的距离？与实际距离相符吗？

③ 反射效果与墙面的硬度、光滑度有什么关系？

发散思考

① 声速是怎样测定的？利用反射原理可以吗？

② "余音不绝"说的是什么现象？

③ 如果我们行走的速度比声音的速度还快，想象一下，会发生什么怪现象？

频闪效应

　　我们已经知道，眼睛看到的每一个图像都会在大脑中停留一段时间，这就是人眼的视觉暂留现象。光源发光时如果出现一明一暗的交替变化现象，我们称之为频闪。在频闪光源下观察运动的物体，会出现物体不动或反方向运动的错觉，我们称之为频闪效应。最明显的频闪效应就是我们在日光灯下看开着的电风扇，有时候我们会有一种电风扇不转了或倒着转的感觉。

探索主题

频闪效应

提出假说

类似电风扇倒转的例子，频闪效应会产生很多奇怪的现象。

搜集资料

到图书馆或上网查找频闪效应，频闪观测仪等相关资料。

实验材料

1 硬纸板

2 胶水

3 一根圆形木条、圆钉

4 一把剪刀

5 大镜子

6 黑纸板

7 水龙头

实验提示

1 使用剪刀要注意安全。

2 须有同伴协助。

3 须有老师或家长在场指导。

实验设计

把一张印有奔马图的纸贴在图形硬纸板上，在纸板边缘剪出一些细缝，然后装在一个旋转器上，从而构成一个频闪观测仪。调整频闪观测仪的转速，通过细缝观察现象。

·实验程序·

1. 到复印室把右图适当放大复印。

2. 把复印好的图案沿边缘剪成圆形。再从纸板上剪一块相同大小的圆形纸板,把图案贴在上面。

3. 把图形中各小图之间的黑色细条剪下,形成一个一个的细缝。

4. 用一枚图钉将纸板中央处垂直钉在一根圆形木条的顶端,就做好了一个简单的频闪观测仪。

5. 闭上一只眼睛,把频闪观测仪放在眼前,透过细缝看远处的物体。

6. 逐渐提高频闪观测仪的旋转速度,注意观察物体的像有何变化。

7. 让同伴先伸出手掌在频闪观测仪前面来回移动,再通过转动的观测仪观察手掌运动的速度。

8. 让同伴突然移动手掌,然后慢下来,你看到的情况是什么?

9. 站在镜子前,把贴图的一面对着镜子,转动频闪观测仪,透过一条细缝盯着一匹马观察,你看见了什么?

10. 打开水龙头,让水成滴流下,把黑纸板放在水流后面,透过频闪观测仪观察水滴的运动形式,改变观测仪的转动速度,看看水的运动有何改变。

·实验数据·	实验观察结果
	随着频闪观测仪的转速改变，观察到的现象
透过观测仪看物体	
手掌	
马	
水滴	

分析讨论

1 为什么随着观测仪转速的提高，我们就可以清晰地看见物体全部，而不是一条细缝那么宽的一部分？

2 通过频闪观测仪看到的手掌运动是否与同伴的实际运动一致？

3 镜中好像有一匹马在奔跑，这是为什么？

4 随着转速的改变，看到的水滴为什么不是向下，而是好像静止不动，或是上升了？

发散思考

1 什么叫频闪效应？什么叫视觉暂留？

2 你知道转盘活动影像镜吗？它是如何实现动画效果的？

3 生活中哪些东西有频闪效应？

如何"看见"红外线？

我们知道，人眼能够看见的光谱波长介于400～700纳米之间，而该范围以外的电磁波人眼是不能看见的。比如波长更长的红外线、微波及波长更短的紫外线、X射线等。有什么办法可以明显感觉到这些波的存在吗？

在很多高楼大厦顶上或野外微波站，我们都可以看到一个锅状的微波接收器。凹面的接收器可以使微波会聚到中央的接收装置上，从而接收到信号。可我们还是不能直接感觉到电磁波的存在。

但对于红外线，我们可以用凹面的接收器直接感受到它的存在。

·探索主题·

凹面镜成像原理

搜集资料

到图书馆或上网查找凹面镜成像原理和电磁波的相关资料。

提出假说

凹面镜具有会聚功能，如果把物体放在远大于凹面镜焦距的位置，物体在凹面镜焦点附近聚焦成像。而红外线具有加热功能，如果用凹面镜把红外线会聚增强，我们就可以用皮肤直接感受红外线的存在了。

实验材料

1 一面焦距 30 厘米、直径约 40 厘米的凹面镜

2 一个小功率电热器

3 一个放凹面镜的支架

4 一卷软尺

·实验设计·

把一个电热器放在距一面凹面镜一定距离处，可以用手背在凹面镜焦点附近找到一个很热的区域，从而"看见"红外线。

安全提示

1　使用电热器时要注意用电安全。

2　凹面镜是玻璃制品，易碎，要小心使用。

3　须有老师或家长在场指导。

· 实验程序 ·

1　把凹面镜放在支架上，固定好，确保支架稳定。

2　把电热器放在距离凹面镜3~5米远的地方，且位于凹面镜中心轴线上。

3　用手背在凹面镜前来回移动，感觉有无温度变化。

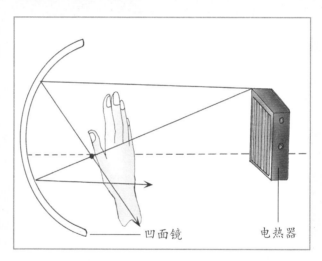

凹面镜　　　电热器

4　打开电热器，再用手背在凹面镜前来回移动，寻找温度最高的地方，并记录该处与凹面镜中心的距离。

5　观察凹面镜里电热器的像，记录像距离凹面镜中心的距离。

6　前后左右移动手掌，观察凹面镜中手掌像的变化情况。

7　把电热器移离凹面镜中心轴线，再用手背感觉最热点和电热器像的位置。

8　把嘴靠近凹面镜，开始发声，保持声音大小不变。向后移动，注意听是否有一个声音最大的点，并记录它的位置。

· 实验数据 ·　　　　　　　　　实验结果

实验情况	观察结果
电热器关，有无最热点	
电热器开，最热点位置	
电热器像的位置	
移动手掌，像的变化情况	
电热器偏离轴线，像的位置	
电热器偏离轴线，最热点的位置	
声音最大的位置	

分析讨论

① 电磁波谱按波长大小是如何分布的？

② 红外线有何特点？

③ 凹面镜的成像原理是什么？

④ 最热点的位置和电热器的位置相同吗？

⑤ 凹面镜对声音和红外线的会聚作用相同吗？

发散思考

① 光学镜面对哪些电磁波有作用？

② 红外线成像的原理是什么？

③ 你知道有哪些动物可以"看见"红外线吗？

自制凸透镜

　　我们平时熟悉的照相机镜头、老花镜片、幻灯机镜头、放大镜等都是凸透镜。由于光的折射，当物体在凸透镜两倍焦距以外，可以成倒立、缩小的实像，这就是照相机的工作原理；当物体在凸透镜的两倍焦距处，成倒立、等大实像；当物体在凸透镜焦点以内时，可以成正立、放大的虚像，这就是放大镜的工作原理。

　　但是，这些凸透镜几乎都是玻璃制品，制造工艺很复杂，价格较高。下面我们用一个简单的方法自制一个凸透镜，来观察凸透镜成像的特点。

这块地方很亮而且很热，是不是要地震呀？

探索主题

凸透镜成像原理

搜集资料

到图书馆或上网查找凸透镜成像的相关资料。

提出假说

中央凸起的透光物体作为凸透镜，光源发出的光经过该物体，成像满足凸透镜成像原理。那么，用简单的器皿来自制凸透镜，可以很方便观察到凸透镜成像的特点。

实验材料

❶ 一个透明的、球形的玻璃鱼缸　　❹ 清水

❷ 蜡烛（或电灯泡）　　❺ 书

❸ 白纸板

实验设计

把一个透明的球形玻璃鱼缸装上清水，从而制成一个简单的凸透镜。用蜡烛或电灯泡作为光源，用白纸板作为光屏，来观察凸透镜的成像特点。

安全提示

1 玻璃制品易碎，要小心使用。
2 如果用电灯，注意用电安全，防止触电事故发生。
3 须有家长或老师在场指导。

· 实验程序 ·

1 向鱼缸里加满清水，放在实验桌上。
2 把蜡烛点燃放在距离鱼缸约30厘米处，关上电灯，使屋里的光线暗下来。
3 在鱼缸的另外一边，前后移动纸板，观察蜡烛芯的像及其特点。
4 上下移动蜡烛，观察其像的移动方式。
5 把蜡烛靠近鱼缸，再观察纸板上是否还可以看到蜡烛芯的像。
6 打开电灯，吹灭蜡烛。把书放在鱼缸后面，透过鱼缸观察书上的文字大小，前后移动，观察文字的像的移动及大小变化情况。

 · 实验数据 ·　　　　实验观察结果

实验情况	观察结果
蜡烛离鱼缸30厘米时	
上下移动蜡烛时	
蜡烛靠近鱼缸时	
前后移动书时	

分析讨论

1 凸透镜成像原理是什么？

2 鱼缸形状不同对实验结果有何影响？

3 如果鱼缸不透明或不干净，有何影响？

4 透过鱼缸看书，文字的像是实像吗？

发散思考

1 如何测定这种简单透镜的焦距？

2 装水的多少对实验结果有何影响？

3 凸透镜成像原理有何应用？

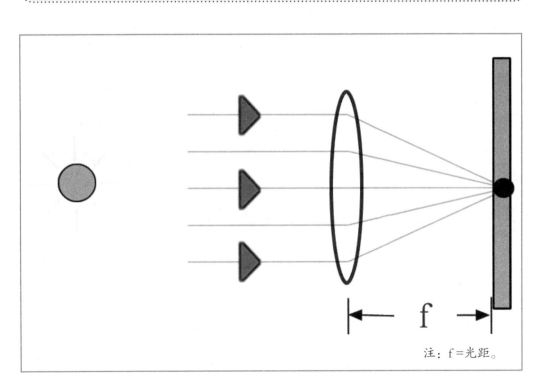

注：f＝光距。

颜色的奥秘

我们现在看的电视节目、印刷品等几乎都是彩色的。那绚丽的色彩让人赏心悦目，给人以美好的视觉享受。当我们在上美术课时，用不同颜色的颜料或笔画在一起就会得到其他的颜色。为什么会出现这么多的色彩呢？它们是如何产生的呢？

1802年，英国的托马斯·杨利用三台投影机，分别经由红（R）、绿（G）、蓝（B）三色滤色，将色光投映在白色屏幕上。结果发现在两两相叠处产生了青（C）、品红（M）、黄（Y）三色，而中间三色重叠的地方则变为白色。他进一步将红、绿、蓝三色的亮度加以调整，则会产生千变万化的色感。因此他推论人眼内就含有对红、绿、蓝三种颜

我们是超级变色龙！

色敏感的感光细胞。后经德国科学家赫尔姆霍茨等人对此加以发展，从而形成现在被普遍接受的三原色学说，即一切颜色视觉都可由红、绿、蓝三原色混合而得。

下面我们亲手来合成一下各种颜色，体会变幻无穷的色彩。

· 探索主题 ·

颜色的合成

搜集资料

到图书馆或上网查找颜色学的相关资料。

提出假说

红、绿、蓝三色被称为加色三原色，而两种可以混合成白色的颜色称为互补色，如黄色＋蓝色＝白色。如果把这些公式进行逆运算，从白色中减去三原色，可以得到黄、品红、青三色，则称之为减色三原色。

各种颜色都可以由三原色合成，那么用这三种颜色的颜料就可以调配出自己想要的颜色来。

实验材料

① 调色板　　　③ 画架

② 画布　　　④ 画笔、颜料等

安全提示

不要把颜料掉在衣服或其他物品上，以免染色。

·实验设计·

把调色板上不同颜色的颜料相互混合，观察均匀混合后得到的颜色情况。

·实验程序·

① 在画架上把画布夹好。

② 分别将红色和绿色，红色和蓝色，绿色和蓝色在画布上调配在一起，观察得到的颜色。

③ 把红、绿、蓝三色在画布上调配在一起，观察得到的颜色。

④ 分别把黄色和蓝色，品红色和绿色，青色和红色在画布上调配在一起，观察得到的颜色。

⑤ 整理调色板。

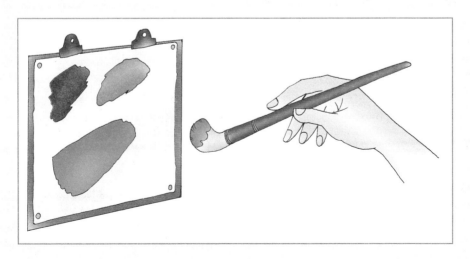

·实验数据·	调配色彩	

调配色	结果
红色+绿色	
红色+蓝色	
绿色+蓝色	
红色+绿色+蓝色	
黄色+蓝色	
品红色+绿色	
青色+红色	

分析讨论

① 解释加色三原色、互补色、减色三原色等概念。人眼是如何感觉颜色的？

② 为什么各种颜料（或颜色）混在一起时会出现其他颜色？

③ 各种色彩的深浅程度如何控制？

发散思考

① 彩电、电影等是如何产生绚丽的色彩的？

② 不同的色彩为什么会给人带来兴奋、宁静、悲伤等不同的感觉？

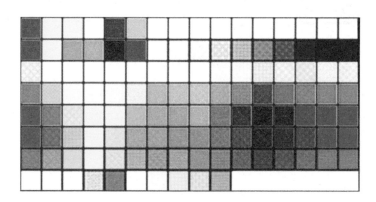

电风扇为什么倒着转？

夏天，当我们打开电风扇时，不知你注意到了没有：刚开始时，风扇是倒着转的，然后一下子好像又停住了，最后才是向前转动。电风扇明明是在向同一个方向旋转，但为什么人们会有这种感觉呢？

这只是我们视觉上的一个错觉，前面我们学习过这种现象就是频闪效应。下面我们再通过一个实验加深对频闪效应的了解。

· 探索主题 ·

频闪效应

搜集资料

到图书馆或上网查找频闪效应的相关资料。

提出假说

物体一明一暗地发光，叫作频闪。由于频闪，转动的物体可能看起来变得静止或倒转，这种现象就是频闪效应。发生频闪效应的原因是人眼对物体的感知有一个延时，运动物体不同时刻的图像会在大脑里叠加，从而给人带来一种错觉。电风扇的扇叶和它们之间的空隙在转动时就会发生频闪效应。

安全提示

使用剪刀时，注意不要戳伤自己。

实验材料

1 硬纸板
2 圆规
3 红、白两色的彩色笔
4 剪刀
5 钉子
6 手摇钻孔机

· 实验设计 ·

在一张圆形硬纸板上画出红白相间的扇区。然后把纸板装在一个手摇钻孔机上，改变转动速度，就可以明显观察到频闪效应。

实验程序

① 用圆规在纸板上画一个圆，剪下来。

② 把圆形纸板分成8个扇形，用彩笔间隔地涂上红色和白色。

③ 在纸板圆心处插入钉子。注意：转动钉子时，纸板必须能够随之转动。

④ 把钉子装在手摇钻孔机的卡盘上，旋紧卡盘。

⑤ 摇动钻孔机，观察纸盘的运动，记录观测结果。

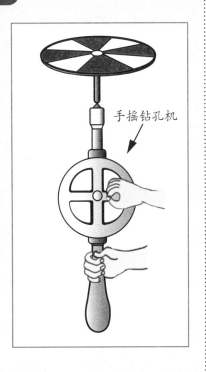

手摇钻孔机

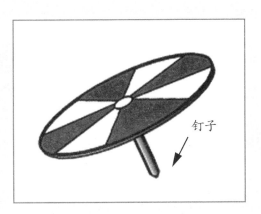

钉子

 · 实验数据 ·

钻孔机转动过程	纸盘的运动方式
启动	
稍快速	
快速	

课本里学不到的疯狂科学实验

分析讨论

1 什么是频闪效应？频闪效应是如何产生的？

2 为什么要选红色、白色两种颜色来涂纸板？

3 钻孔机是如何带动纸盘旋转的？

4 如果找不到钻孔机，你还有什么办法实现它的功能吗？

发散思考

1 电灯、电视、电脑等有频闪效应吗？

2 频闪效应强烈的光线对我们眼睛有危害，你在选购灯泡时，
   如何确定这种灯泡是否有频闪效应？

3 如何利用频闪效应来测量转动物体的转速？请解释一下你的
   设计思路。

熔 岩 灯

　　科学实验并不都是枯燥无味的，下面我们自制一个色彩鲜艳的熔岩灯来验证有关密度和互不相溶性的原理。其原理是油和水互不相溶，油的密度小于水，所以油浮在水面上。而盐的密度比油和水的都大，而且可以溶解在水中。当把盐撒在油上后，盐就拽下一小滴油珠，降落在水底。这时候，盐慢慢溶解在水中，质量减小，最终不能把油压在水中，油又会浮上水面了。彩色的油上下涌动，就好像熔岩一样美丽。看到这里，你是不是很想马上动手做一个熔岩灯了呢？

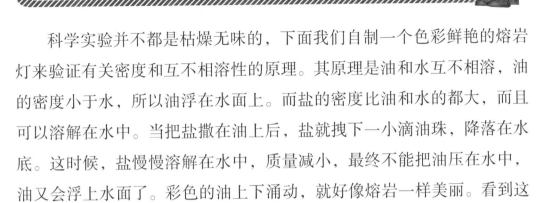

·探索主题·

密度、不溶和相溶

提出假说

油和水互不相溶，油的密度比水小，会浮在水的上面；盐的密度比水和油大，在水中的溶解度很大，但是在油中的溶解度很小。

搜集资料

到图书馆或上网找密度及互溶的相关资料。

实验材料

1 一个干净的玻璃杯
2 水
3 植物油
4 盐
5 食用色素

安全提示

小心使用玻璃杯，以免打碎。

·实验设计·

在玻璃杯中加入油和水，待其分层后不断地加盐，就会使彩色的油上下涌动，从而制造出一盏神奇的熔岩灯。

实验程序

① 往玻璃杯中倒入小半杯水。

② 轻轻沿杯壁倒进1/3杯植物油。

③ 静置几分钟，等油水分层之后向杯中加入食用色素。

④ 默数到5，然后轻轻撒盐，观察发生的现象。

⑤ 停止撒盐，观察发生的现象。

⑥ 继续撒盐，观察现象是否重复出现。

· 实验数据 ·

实验程序	现象
第一次撒盐	
停止撒盐	
继续撒盐	

分析讨论

❶ 油水分层后，油在水的上方还是下方？

❷ 未加盐时，色素在水中还是在油中？是否扩散？在水中扩散得快还是在油中扩散得快？

❸ 根据实验现象，比较水和油的密度。加盐之后，密度是如何变化的？

发散思考

❶ 两种不相溶的液体，如何让它们互溶？

❷ 即使不会游泳的人在死海中也不会沉底，想想这是为什么？

你知道吗？

熔岩灯是1964年一位叫克雷文·沃克的英国人发明的。他做的熔岩灯是用细长的玻璃瓶装着特制的液体和彩蜡，而且在基座上装了一个灯泡。当灯泡点亮时，灯会发热，瓶中液体的温度慢慢升高，使蜡融化。蜡的液滴一滴滴升到液体表面，又渐渐降温，重新沉到底部，周而复始，十分美丽。

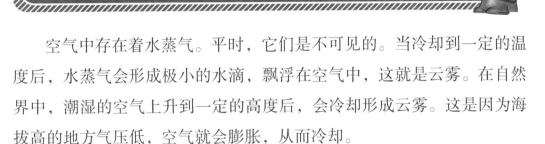

人工造雾

空气中存在着水蒸气。平时，它们是不可见的。当冷却到一定的温度后，水蒸气会形成极小的水滴，飘浮在空气中，这就是云雾。在自然界中，潮湿的空气上升到一定的高度后，会冷却形成云雾。这是因为海拔高的地方气压低，空气就会膨胀，从而冷却。

人工造雾的方法很多，大多数都是直接将潮湿的空气冷却。在这个实验中，我们用间接的方法，使一个密闭玻璃瓶的容积变大，其中的空气膨胀而冷却，达到人工造雾的效果。这个实验的效果直观而形象，构思非常巧妙。

· 探索主题 ·

雾、膨胀、冷却

搜集资料

到图书馆或上网查找雾以及气体的相关资料。

提出假说

空气快速膨胀后会冷却，其中的水蒸气会凝聚形成雾。

实验材料

① 容积为 3.5 升的玻璃广口瓶或塑料广口瓶

② 橡胶手套

③ 火柴

④ 自来水

· 实验设计 ·

用橡胶手套把一个广口瓶密封起来，利用手套的形变使其容积变大（如下页图示），从而增加其中空气的体积，使其冷却，模拟造雾的效果。

安全提示

1. 在成年人的帮助下进行。
2. 玻璃瓶易碎，注意不要划伤自己。
3. 使用火柴时要小心，注意防火！

· 实验程序 ·

1. 往瓶中加入自来水，刚刚浸没瓶底即可。
2. 把一只橡胶手套伸入瓶中，手指方向向下，并把手套的开口处套在瓶口上，使其密封（见图1）。
3. 在保持瓶子密封的情况下，把手伸进手套（见图2），并迅速向外拉。观察有没有雾产生，将实验结果记录在表格中。
4. 如果有雾产生，张开手指，使手套恢复原状，观察雾有没有消失。
5. 取走手套，将一根点燃的火柴放进瓶中。
6. 火柴熄灭后，重复步骤2—4。
7. 重复产生雾的步骤，并观察雾持续的时间。

图1   图2   图3

· 实验数据 ·

实验条件	有无雾产生	雾持续的时间（分钟）
未点火柴，向外拉		
未点火柴，向里伸		
点火柴后，向外拉		
点火柴后，向里伸		

分析讨论

1. 点燃火柴的作用是什么？

2. 手套向外拉和向里伸会使里面的空气温度发生什么变化？

3. 加水的作用是什么？为什么要刚刚浸没瓶底？

4. 根据实验总结雾产生的一些条件。

发散思考

1. 你知道还有哪些条件影响雾的产生吗？

2. 如果在实验中用幻灯机的光将瓶中的雾照亮，会看到雾由白色渐渐变成彩色。请解释原因。

清洁硬币

你曾经洗过硬币吗？是不是直接用自来水洗？洗得干净吗？如果往水里分别加入下面的物质，如：苏打、醋、肥皂、柠檬汁，再分别用它们来清洗硬币，你认为以上哪一种物质能更有效地清洁硬币？

探索主题

水溶液的清洁效果

提出假说

酸性的水溶液清洁硬币的效果强于碱性的水溶液。

搜集资料

到图书馆或上网查找有关概念的相关资料：水、酸、碱。

实验材料

① 几枚同样脏的硬币

② 五小杯水

③ 醋

④ 柠檬汁

⑤ 苏打

⑥ 肥皂

⑦ 一把小刷子

实验设计

对于清洁金属表面，酸性水溶液的效果要强于水或碱性水溶液的效果。我们可以用生活中常见的酸，如醋、柠檬汁，以及生活中常用的碱，如苏打、肥皂来做这个实验。用醋+水、柠檬汁+水的溶液清洗的硬币变干净了，用苏打+水、肥皂+水的溶液清洗的硬币还是较脏。

当然，对于一些含油污的物质，用含碱的溶液清洗效果会更好一些。所以，具体问题要具体分析。

安全提示

不要随便将液体倒向他人，以免飞溅到眼睛里。

·实验程序·

1. 往第一杯水里加入苏打，贴上标签：苏打+水。
2. 往第二杯水里加入醋，贴上标签：醋+水。
3. 往第三杯水里加入肥皂，贴上标签：肥皂+水
4. 往第四杯水里加入柠檬汁，贴上标签：柠檬汁+水。
5. 第五杯水里什么也不加。
6. 用小刷子在上述不同的溶液中清洗硬币，记录效果。

苏打+水　　醋+水　　肥皂+水　　柠檬汁+水　　水

·实验数据· 清洁硬币的效果

实验次数	1	2	3	4	5
溶液	苏打+水	醋+水	肥皂+水	柠檬汁+水	水
清洁效果					

分析讨论

① 用苏打水清洗的硬币还是很脏，为什么？

② 用肥皂水清洗的硬币还是很脏，为什么？

③ 用醋水清洗的硬币变干净了，为什么？

④ 用柠檬汁水清洗的硬币变干净了，为什么？

发散思考

① 哪些物质清洗硬币效果好？

② 哪些物质清洗硬币效果不好？

③ 是不是清洗所有的物质的效果都和这个实验的效果相同？

你知道吗？

水资源保护区是为了消除或尽可能减少地表水及地下水的水源受到污染或引起水质变化而影响其供水功能，而在水源地周围设立的保护区。

对地表水源的要求：

1. 取水点周围半径不小于100米的水域内，不得停靠船只和游泳等，并应设明显标志。

2. 取水点在上游1000米至下游100米水域，不得排入工业废水和生活污水，沿岸不得堆放垃圾、污水灌溉、施用剧毒农药。

对地下水水源的要求：

1. 取水点防护范围应根据当地水文地质条件确定。

2. 在取水点影响半径范围内，不得使用污水灌溉、施用剧毒农药、修建厕所、堆放废渣、铺设污水渠道，并不得从事破坏深层土层的活动。

雷　电

雷雨天里，我们常常会看到空中先有闪电闪过，随后就是隆隆的雷声大作，非常壮观。那么，闪电和雷鸣到底是怎么一回事呢？

原来，雷雨天气里，空气急剧地流动、碰撞，空中的尘埃、冰晶等物质在云层中翻滚运动。它们经过一些复杂过程，有的带上了正电荷，有的带上了负电荷。经过运动，带上相同电荷（一般为负电荷）的质量较重的物质会到达云层的下部，带上相同电荷（一般为正电荷）的质量较轻的物质会到达云层的上部。这样，同性电荷的会集就形成了一些带电中心。当异性带电中心之间的空气被其强大的电场击穿时，就形成"云间放电"，即闪电。

最常见的闪电形状是枝状，此外还有球状、片状、带状。

雷是闪电穿过空气时发出的声音。我们先看到闪电，然后才听到雷声，隆隆声是闪电穿过云层发出的声音回响。

下面我们将做模拟闪电形成过程的实验，并且研究一下雷声的传播。

·探索主题·

闪电和雷鸣

搜集资料

到图书馆或上网查找相关资料：闪电、雷鸣声。

提出假说

存在电位差的异种电荷间放电时，击穿空气，会形成闪电；我们先看到闪电，再听到雷声。

实验材料

1. 一块毛皮
2. 一个干燥的玻璃杯
3. 一把金属铲子
4. 一块硬泡沫塑料
5. 一块秒表

安全提示

1. 雷雨天里观察闪电和雷鸣时，一定要站在安全的地方，以防被雷击。
2. 做室内实验时，应有大人在场，"闪电"出现时不要惊慌。

实验设计

用毛皮摩擦硬泡沫塑料，会使泡沫塑料带上负电荷。再把泡沫塑料放在金属铲子上，让它们与周围的导体都绝缘，铲子的金属手柄也会带上负电荷。这时，用手指靠近铲子手柄，手指由于负电荷产生的电场作用，会在瞬间聚集正电荷，产生电位差。放电现象就会发生，从而消除电位差，我们就可以看到"闪电"了。我们也可以在雷雨天里观察闪电和雷声，但一定要注意安全，千万不能站在空旷地带和大树下。

实验程序

1. 把金属小铲子放在一个干燥的玻璃杯上。
2. 用毛皮摩擦硬泡沫塑料后，把硬泡沫塑料放在金属小铲子上。
3. 将灯关掉，将手指靠近铲子手柄，观察放电现象的发生。
4. 在雷雨天，观察闪电的形状，听雷的声音。
5. 从看到闪电开始用秒表计时，到听到雷声时结束。已知声音在空气的传播速度是340米/秒，计算闪电与你的距离。

·实验数据·　　　闪电与你的距离

观察次数	闪电形状	闪电后听到雷声所需的时间	闪电与你的距离（千米）	声音在空气中的传播速度
1				
2				340米/秒
3				
4				

分析讨论

❶ 实验中的放电现象是怎么形成的？和自然界闪电的形成有哪些异同之处？

❷ 实验中放电时，手指尖和铲子手柄各带什么电荷？

❸ 实验中的玻璃杯为什么一定要干燥？

发散思考

❶ 这个实验中的玻璃杯用陶瓷杯或不锈钢杯代替可以吗？为什么？

❷ 雷声是怎么形成的？

❸ 塑料很容易带电，商场里既有金属又有塑料时，怎样避免放电？

立体观像镜

　　大家都知道，我们用双眼看到的实物都是三维立体图形。但现在普通照相机拍出来的照片都是二维平面的。我们看不到照片上物体的侧、后面到底是怎么样的，这总是让我们觉得有些遗憾。

　　现在，已经有了可以拍三维图像的照相机了，但价格非常昂贵，只有一些专业人士有条件使用。比如对于地理学家来说，清晰的三维地形图是非常必要的，他们就设计制造了昂贵的立体照相机来拍摄他们需要的照片。显然，这种相机要步入寻常百姓家尚待时日。

　　但是，如果我们能从普通平面照片看出立体图像来，那也是非常有趣的。下面，只需要一些简单的材料，我们就可以制造一个可以看到立体图像的"立体照相机"——立体观像镜。

·探索主题·
立体观像镜

提出假说

由于普通照相机只能记录物体表面的光学信息，所以拍出来的照片都是二维平面的。而人的双眼能同时接收物体多角度的光线，所以感觉到的物体就是三维的。而在成像中通过一定的叠加，也可以利用普通照片反映出三维图像。

搜集资料

到图书馆或上网查找三维立体图、照相机、人眼视觉原理等方面的相关资料。

实验材料

1. 一台普通照相机
2. 一个大纸箱（45厘米×45厘米×32厘米或更大）
3. 两块15厘米×15厘米的镜面
4. 两块7.5厘米×15厘米的镜面
5. 双面胶、胶带
6. 直尺、铅笔、小刀

安全提示

1. 玻璃镜面易碎，要轻拿轻放。
2. 玻璃边缘易划伤皮肤，要注意安全。
3. 需要家长或老师现场指导。

·实验设计·

先对同一目标拍摄两张取景方向略有不同的普通照片,然后通过两路光分别把这两张照片的图像反射到眼睛中,从而给人造成立体的视觉感受。

·实验程序·

1. 准备工作:寻找一个静止的大目标,比如一棵树。用普通相机拍一张照片,注意要使目标在取景框的中央;向右边跨一大步,再拍一张该目标的照片,目标也要在取景框的中央。然后把它们冲印出来,按方位分别标记为 "左" "右"。

2. 剪去纸箱的盖子。

3. 把纸箱剪为16厘米高,使纸箱的底部平整。

4. 在纸箱的一边剪出一个15厘米×5厘米大小的窗口,作为立体照相机的观察窗。

5. 从不要的纸板上剪下4个15厘米×15厘米的正方形纸板。

6. 把一个正方形纸板沿对角线剪成两个直角三角形。

7. 把另一个正方形纸板从中间对折,可以用小刀先划一个刻痕,方便对折;把这个纸板折成直角,如下图所示,用胶带和一个直角三角形的纸板固定好,然后用双面胶把两个小镜面贴在纸板上。

8. 在靠近观察窗的一边的两个角上,在大约13厘米的地方把两个正方形纸板粘在纸箱上,并注意使纸板与纸箱两个侧面挡板均呈45°,然后用双面胶把两块大镜面分别贴在两个纸板上。

9. 把步骤7中做好的装置在离观察窗约5厘米,且与两个大镜面等距离处,用胶布粘在纸箱底面上。此时,大小镜面就互相平行了。

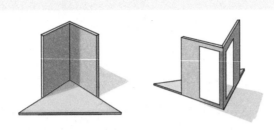

⑩ 把步骤1中照好的照片按标记的左右顺序，分别用双面胶贴在纸箱的后挡板的两侧。

⑪ 从观察窗中看左右两个小镜面中的图像，轻轻移动各个镜面，使两张照片能被完整地看到。

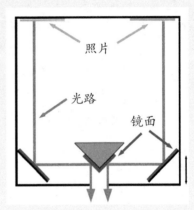

照片

光路

镜面

⑫ 调整照片的位置，使两张照片的中央部分重合起来；然后，观察现在看到的图像是不是立体的。

· 实验数据 ·

照片中央区位置	是否呈三维图像
不重合	
重合	

分析讨论

❶ 大小镜面为什么要平行？为什么纸箱侧面和纸板要呈45°角？

❷ 在实验中，光线是如何进入你的眼睛的？

❸ 镜面如果不垂直，对观察结果有影响吗？

发散思考

❶ 眼睛是如何通过双眼配合感知物象的？

❷ 眼睛的三维成像原理是什么？

❸ 立体照相机的摄像原理是什么？

你知道吗？

形形色色的照相机

三维立体照相机：一般的三维立体照相机是一种三镜头相机，与传统的"立体照片"不同，它无须通过矫正眼睛，一眼便可看出立体形象。英国尼默罗公司给普通照相机加了一个附件，从不同角度反复拍照，设有7张底片，用特殊方法洗印后便构成层次分明的立体照片。

手腕照相机：我国香港研制的手表式照相机，可戴在手腕上。该机重10克，利用磁脉冲操作快门，内装圆形扁盒胶卷，一个胶卷可拍6张。

电子照相机：美国柯达公司发明的一种直接付印照片的新型电子相机，其镜头与普通相机无二，原理与摄像机类似，同时还装有小型付印装置。

录音照相机：日本推出的可录音照相机，每张照片可录10秒的旁白，增强了照片的趣味性和真实性。

　　会飞的照相机：瑞士发明的一种能自行升空400米的照相机，机上有微型直升装置，由地面来无线遥控直升装置的升降和照相机的工作。

　　防水照相机：美国推出的一种能防水的超级变焦相机，它包括一个可选用的天线遥控装置和一个手动遥控按钮，可把闪光和其他选择的拍摄参数显示在液晶板上。

　　烟盒式照相机：英国研制的外形酷似一包香烟、用于间谍活动的相机，只需推出3支烟头上带有铝制的香烟，再扳动快门的解扣装置，软片就出来了。其镜头位于烟盒的一侧。

　　微波照相机：美国发明了一种可看穿云雾，甚至某些建筑物的相机，可安装在飞机上辅助导航。

爱迪生点亮了世界

如果这个世界没有爱迪生发明的电灯，我们的生活将会变成什么样？在漆黑的夜晚，我们是否只有点着蜡烛才能在室内读书写字？我们是否只有打着火把才能在街上行走？如果没有爱迪生发明的电灯，我们的生活将是多么的枯燥和平淡！在晚上我们只能使用昏黄的烛光或油灯，深夜的马路将因为太黑而非常冷清，许多工厂因为照明不够而处于半停工状态，而有些需要全天照明的行业将根本无法工作！

今天，只需按一下开关，电灯就会把我们的屋子照亮。但我们不要忘了，爱迪生在发明电灯时，他经历了许多艰辛！为了找到合适的灯丝，他试验了从铜线到竹丝的近1600种材料，最终制作出可以连续工作45小时的电灯。他做了7000多次试验，用了6000多种材料，才发明了能够进行实际照明的电灯。没有爱迪生的不懈努力，可能就没有我们今天的光明生活。

随着技术的发展，出现了各种各样的新型灯具：有五颜六色的霓虹灯，有省电的日光灯，有专门用于铁路安全指示的钠灯等。

我们这个世界正是由许许多多像爱迪生那样的科学家点

亮的。所以，在爱迪生逝世的那天晚上，感激他的美国人一起将电灯熄灭了五分钟，来表示对他的深切哀悼和敬意。

想一想

① 电灯给人们的生活带来了哪些方便？

② 将来我们会用什么灯照明？

超导材料的发现

同学们家里都有电灯，你只要用手接近它们（一定要注意安全），就会感觉到热。这是为什么呢？造成这种现象的原因是，电流在金属等导电体中流动的时候会遇到阻碍。电流只有在电压的推动下，才能"挤"过去，这一"挤"的结果，导电体就会发热。1900年左右，荷兰物理学家昂内斯发现，许多金属和合金在低温下（$-100°C~200°C$）会突然失去电阻，他把这种现象称为"超导"现象。失去电阻就意味着，超导体中的电流不需要电压去推着它们流动，理想的超导体中的电流一经产生，10万年也不会消失！更令人惊奇的是：当人们把超导状态的金属放到磁场中时，金属块竟然飘浮起来了！

这些奇妙特性使得超导体的用途十分广泛。利用超导体没有电阻的

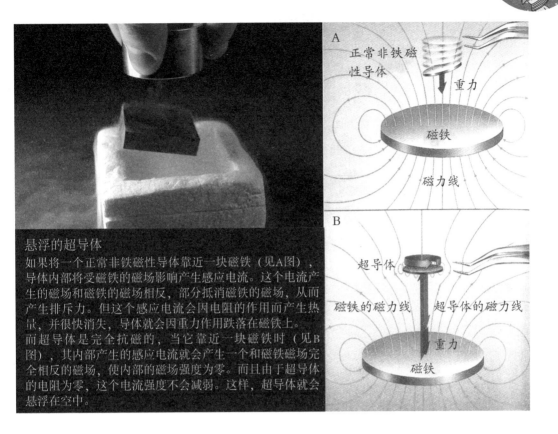

悬浮的超导体

如果将一个正常非铁磁性导体靠近一块磁铁（见A图），导体内部将受磁铁的磁场影响产生感应电流。这个电流产生的磁场和磁铁的磁场相反，部分抵消磁铁的磁场，从而产生排斥力。但这个感应电流会因电阻的作用而产生热量，并很快消失，导体就会因重力作用跌落在磁铁上。

而超导体是完全抗磁的，当它靠近一块磁铁时（见B图），其内部产生的感应电流就会产生一个和磁铁磁场完全相反的磁场，使内部的磁场强度为零。而且由于超导体的电阻为零，这个电流强度不会减弱。这样，超导体就会悬浮在空中。

特性，人们可以把电能送到很远的地方，而不用担心大量的电能会在导线上损失。但是，如果像实验室那样给漫长的输电导体处处都附上低温冷却装置，又是一件在经济上很不划算的事，因此寻找高温超导体成为科学家们热衷的课题。目前，中国、美国和日本在这方面走在世界的最前沿。

而超导体的第二个特性将可能引发一场交通技术革命。科学家已经研制出一种超导磁悬浮列车，时速可高达500千米以上，而超导磁悬浮列车的关键部件就是强大的超导磁体。此外，科学家还制造了一种超导船，可以利用超导磁体产生强磁场驱动船舶高速前进。目前，

超导列车和超导船已进入实用化阶段，随着超导技术研究的深入，也许某一天它们会取代现有的火车和轮船，成为陆、海交通中的主力。

想一想

① 超导材料有什么特殊性质？

② 超导船为什么能行驶？

奇异的记忆合金

人有记性，所以同一错误一般只会犯一回；小狗也有一点记性，主人回来了会摇尾巴。人们总是觉得记性是生命体的本领。可是你听说过有记性的金属吗？

20世纪60年代初，美国海军研究所在研制新型舰艇材料时发现，镍铁合金具有记忆形状的特性。将这种合金预先加工成某种形状以后，再在300℃~1000℃的高温下进行数分钟的热处理，这样，它就会记住加工后的形状了。在常温条件下，无论怎样改变它的形状，只要用类似打火机的火焰的热源一加热，温度超过100℃，它顿时就恢复到原来的形状。人们把具有这种特性的合金称作"形状记忆合金"。除镍铁合金以外，铜锌、金镉等十余种合金也具有这种本领。

利用形状记忆合金制成的机器人手臂

用记忆合金制造机械零件的关键步骤是，在高温下加工成形，使它"记"住设计形状。这样，在使用时，这些有记性的零件，即使遭到破坏发生变形，只要提高外部温度，就可以轻而易举地恢复它们的原状。1969年，美国的"阿波罗"号飞船登月时，宇航员在月球表面放了一个直径达数米的半球形天线。细心的朋友一定会问：登月舱里寸土寸金，哪里搁得下这么庞大的天线？其实这天线就是用记忆合金做成的，登月前折叠起来放在登月舱里，安置到月球上后，阳光一照，温度升高，天线很快便恢复成设计形状了。

钛合金髋关节

目前，人们还正在研究利用形状记忆合金做人造关节、人造骨骼和人造齿龈等。

想一想

① 形状记忆合金有什么特点？

② 宇航员在月球上放置的半球形天线是用什么材料做的？

75

火电、水电与核电

"楼上楼下，电灯电话"，这是30年前人们憧憬的小康生活。如今，平地起高楼。不要说电灯、电话，就连空调、电脑等曾经的"奢侈品"也都陆续进入老百姓的家。享受幸福生活之余，我们不得不感叹：电能是点亮人类现代闻名之光。

最传统的发电方式是火力发电和水力发电。大型的火电站通过燃烧煤炭来推动蒸汽轮机发电；小的火电站一般用燃油内燃机。水电站的发电原理是通过大坝抬高水位，再让飞流直下的水流带动发电机发电。目前世界上最大的水电站——我国的三峡水电站，这是一个举世瞩目的百年工程。

但是，这些传统的发电方式也有很多弊病。无论是燃煤、燃油还是燃气，都对大气产生了严重的污染；而且作为用途广泛但储量有限的有机化工原料，煤、石油和天然气被大量燃烧也是一种可悲的浪费；修筑大型水电站投资风险巨大，对生态环境的影响也扑朔迷离，而且地域性过强。

在我国东南沿海，人口密集、工商业发达的平原地区一方面缺乏水电资源，另一方面若建火电站又无异于饮鸩止渴，只会给本已不堪重负的环境以毁灭性的打击。于是人们想到了清洁而方便的核能。

核能是人类目前所掌握的威力最大的能量，1千克核燃料铀产生的热量相当于2700吨标准煤。核能的释放主要有重核裂变和轻核聚变两种方式。原子弹爆炸是由核裂变造成的，而核电站的工作原理就是通过人为控制，使核燃料裂变的巨大能量逐渐释放出来。经过几十年的发展，核电技术已经十分成熟，除了具有运行和维修费用低等优点外，人们所惧怕的安全性也有了基本保障。如果设计合理、管理得当，核电站的放射性污染比火电站还要少。目前全世界投入运行的核电站有400多座，我国的秦山核电站和大亚湾核电站也已建成并正式发电。

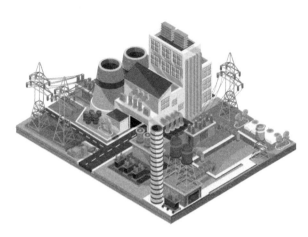

目前，科学家正在加紧研究核聚变反应控制技术，一旦成功就可以用海水作燃料，这更是取之不尽、用之不竭的新能源，"能源危机"自然将成为新世纪的"杞人忧天"。

想一想

① 传统的发电方式有哪些？

② 核能利用的方式主要有哪几种？

可自行分解的环保材料

你知道什么是"白色垃圾"吗？当你吃完快餐，随手将泡沫塑料饭盒扔进垃圾桶时，"白色垃圾"就产生了。除此之外，还有废弃的塑料罐、矿泉水瓶、各种塑料袋等，也是"白色垃圾"的来源。塑料制品在给人们生活带来了极大方便的同时，也提出了一个令人头疼的问题：这种人工合成的高分子有机化合物，在自然条件下不会像动植物尸体那样容易分解；而燃烧又会释放出有害气体，给本已不堪重负的生态环境造成难以治理的污染。拿这堆日益增多的垃圾怎么办呢？开发绿色塑料已被提上了日程。目前，科学家已经开发了一些使用后可自行分解的生物塑料。

科学家已经找到了很多生产生物塑料的办法，可以通过改变土豆、玉米等植物的基因，让它们在人工控制下"长"出无害的生物塑料，也可以像酿酒一样"酿"出塑料。有的科学家专门培养了一种细菌，它们能将食物转变为生物塑料储存起来，就像我们人体储存脂肪一样，积累到一定的程度就可以大量收集加以利用；有的科学家还利用豆秸制成了可分解的塑料。所有这些生物塑料的特点都是在有微生物的情况下便能分解成二氧化碳和水，白色污染问题迎刃而解。

此外，科学家还研制出了化学自行分解塑料和光学自行分解塑料。利用化学自行分解塑料制成的真空包装只要一经撕开，它的内表面就会与空气中的水蒸气反应，逐渐被完全分解。而光学自行分解塑料只要在阳光下曝晒60天便能化为泥土，用这种材料做农用塑料薄膜将大大减少

塑料对土壤的污染。

"绿色塑料"的诞生，将缓解日益严重的环境污染问题，它从另一方面提醒我们：大自然消化污染的能力是有限的，生态环境破坏容易挽回难！

想一想

① 列举几种生产生物塑料的办法？

② 光学自行分解塑料有什么特点？

飞天的梦想

我们小时候大多都听过"嫦娥奔月"的故事，那时可能总想象着能长出一对天使般的翅膀在天空中自由地飞翔。其实，这何尝不是人们千年来的梦想。除了将其寄托于神话，勇敢的人们也一直在进行不倦的探索。

相传古希腊的建筑师代达罗斯和他的儿子为了逃脱囚禁，用蜡将鸟羽毛粘成翅膀的样子，然后背在肩上飞出了克里特岛，结果代达罗斯逃到了西西里，而他的儿子却因为飞得太高，蜡翼被

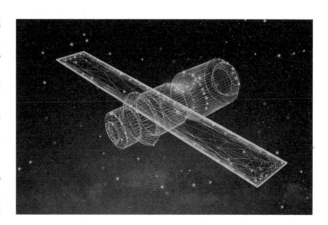

太阳烤化，坠落大海。中国古代有个叫万户的勇士，两手持大风筝，身体缚于椅背上。椅背上绑有数十只当时最大的火箭，他希望依靠火箭的推力将自己送上蓝天。然而点火后随着一声巨响，勇士粉身碎骨。后来科学家为了纪念这位先驱，把月球背面的一个火山口命名为"万户火山口"。意大利文艺复兴时期的艺术家达·芬奇也曾设计过一种人力飞行器，类似于现代的飞机，但由于技术上的困难，他没能实现自己的飞天梦想。

怎样才能飞起来呢？要想像鸟儿一样自由飞翔，飞行动力和升力是两个主要的问题。

依靠人力作动力是最早的设想，但解剖学告诉我们：鸟类的体形、骨骼、肌肉甚至内脏经过百万年的进化才变得适合于飞翔，让人类扑打假翅或踩动脚踏螺旋桨升空简直是天方夜谭。后来有人想用蒸汽机把人带上天，无奈它实在太重，不适合作为飞行的动力装置。直到内燃机发明后，人们才为成功飞行找到了动力源泉。

飞行的升力从何而来呢？在早期的飞机设计中，人们首先想到的自然是简单模仿鸟类采用扑翼。但人们发现鸟飞行及起落时双翼是复杂的螺旋式运动，在技术上实现模拟过于复杂，而固定翼的滑翔机却取得了成功。经历了扑翼机的失败和滑翔机的成功。人们最后选中了固定翼。结合向前的动力，通过机翼上面、下面的压力差来提供升力。

1903年12月17日，美国的莱特兄弟成功地进行了第一次载人飞行试验。试验用的"飞行者一号"为木布结构的鸭式双翼机，通过小车助跑起飞，人趴在下机翼上驾驶。第一次试飞，飞了约36.6米，留空12秒，飞行很不平稳，很快就冲到了地面，但终于完成了人类历史上的第一次

载人动力飞行。

　　莱特兄弟获得成功的一个重要因素是他们从小就有飞上蓝天的梦想。小时候，他们玩过用橡皮筋为动力的小飞机，这种飞行玩具极大地激发了他们的雄心壮志。为了研究飞机，他们收集了许多有关的资料，并在修自行车的实践中偶然得到了启发——利用扭转机翼的方法调节飞机的平衡。他们成功地用一个大风筝证实了这个想法。之后，他们花15美元做了一个24千克的滑翔机，为了找到一个平坦而且又有每秒7米飞速的地方飞行，他们还给美国气象局写信，得知在北卡罗来纳州的基蒂霍克有这样一块地方。这架15美元的滑翔机就是在那里成功地滑翔了100米。但这只是滑翔而已，还不是动力飞机，做出带有发动机的飞机才是莱特兄弟真正的目标。为了这个目标，他们又造了两架滑翔机和一个高、宽均大约0.5米的简单风洞。这样，通过大量的实验他们得到了想要的数据，这些数据后来被用在了1903年制造的带有螺旋桨的飞机上，螺旋桨被8800瓦的发动机带动，吹着呼呼的空气把这架飞机带上了蓝天。

　　这只飞得并不高的铁鸟开创了人类飞行史的新纪元，莱特兄弟因此成为航空飞机的先驱。人类从此进入了动力飞行的新时代。

想一想

❶ 实现飞行要解决哪两个主要问题？

❷ 固定翼的升力从何而来？

从飞艇到喷气式飞机

　　虽然人们最初是想模仿鸟儿飞向蓝天，但让先行者们始料不及的是，真正最早的实用航空器是气球。中国早在五代时期就发明了热空气气球——孔明灯。但真正的热气球载人升空和自由飞行，直到18世纪才由法国人蒙哥尔费兄弟实现。此后，又诞生了氢气球、氦气球。作为最早的升天工具，300多年来气球一直为人类所用，并在高空科学探测方面始终发挥着独特的作用。

　　飞艇其实就是橄榄形、有动力、可控制方向的大气球。历史上第一艘有动力的载人飞艇也诞生在法国。20世纪初，著名的德国飞艇设计师齐伯林伯爵设计出系列硬式飞艇，成功地应用于民用商业航空，在20世纪前30年内曾风靡欧美大陆，技术史上将这一时期称为"飞艇时代"。但是，好景不长。1937年5月6日，堪称"空中泰坦尼克"的"兴登堡号"飞艇在美国莱科赫斯特降落时爆炸起火，36人遇难。从此，齐伯林硬式飞艇停飞，飞艇逐渐退出航空舞台。

　　几乎与飞艇同时代诞生的飞机就要幸运得多了。自美国的莱特兄弟在1903年试飞成功后，飞机很快便闯进了军事和运输等领域。第一次世界大战时，飞机带着匕首和手榴弹参加了战斗，到了第二次世界大战时期，飞机装上了枪炮，空中厮杀的激烈毫不亚于地面战斗。著名的不列颠之战、偷袭珍珠港，以及陈纳德"飞虎队"都是由飞机扮演主角。第二次世界大战后，航空工业走进了"喷气时代"。抗美援朝战争中，中国年轻的志愿军空军与美国老牌空军的殊死较量就是喷气式战斗机的首次大规模空战。从那以后，喷气式战斗机不断更新换代，从亚音速走向超音速，如今已走入了"隐形战机时代"。在这一时期，民用航空业也得到了迅速的发展。飞机是目前最快的交通工具，各式各样的运输机和大型民航客机使世界越变越小。有些国家正在研制的高超音速客机可以像"打漂漂"一样在大气层顶部作跳跃式的飞翔，它横跨太平洋两个小时左右。那时候，地球就变得更小了。

想一想

①　飞艇有无动力装置？

②　飞机在哪些领域应用广泛？

火箭开创的航天时代

　　人类有史以来，最成功的科幻作家是19世纪法国的凡尔纳。看过《海底两万里》《八十天环游地球》等精彩科幻小说的同学一定知道，他的许多幻想到今天都变成了现实。1863年，凡尔纳在《从地球到月球》和《环绕月球》两部小说中幻想了探险家登上月球的生动情景。

　　在凡尔纳的故事里，探险家们乘坐一枚速度超过每秒10千米的巨型炮弹飞上了月球。这一情节深深地打动了一位少年——齐奥尔科夫斯基，他决心为飞出地球献出毕生精力。后来，他果然第一个提出了现代火箭的设想，成了人类航天技术的指路人。他还创造性地设计了利用多级火箭，即一级一级地使火箭加速的办法。

　　第二次世界大战期间，火箭技术逐渐从理论走向应用。战争末期，德国的火箭专家研制出了V2火箭。这种火箭是由当时的德国火箭专家布劳恩主持研制的，它装上炸弹和制导装置后就是导弹。这种先进的武器曾用于轰炸伦敦等城市，导致了巨大的人员伤亡和经济损失。第二次世界大战以后，人们开始利用火箭实现飞向太空的梦想。

20世纪50年代后，美苏争霸，太空飞行成为一个重要的竞争领域。苏联的火箭研究在科罗廖夫的带领下一度走在了前列，他们的洲际弹道导弹发射到了数千千米以外。1957年10月4日，苏联发射了第一颗人造地球卫星——斯普特尼克1号。这颗重83.5千克的卫星在地球上空运转飞行，震惊了世界，让美国人惊慌起来。第二年，美国发射了一颗8千克的"探险者1号"卫星。不久，苏联又跑到了前面，1961年4月12日，苏联人加加林乘坐宇宙飞船在不到两个小时的时间里绕地球转了一圈。这下子，美国人真的急了，制订了著名的"阿波罗计划"，这个计划的

最终目的是让宇航员做一次月球之旅。1969年7月16日，"阿波罗11号"发射升空。7月20日，宇航员阿姆斯特朗的双脚踏上了月球荒凉的土地。7月24日，飞船

阿姆斯特朗

落在夏威夷群岛西南的大海中，这是当时飞船返回地球的唯一方法。

1981年4月12日，世界上第一架航天飞机——美国的"哥伦比亚"号在众人的欢呼中升空。经过54小时的太空之旅，它返回地球。与飞船不同的是，它可以像普通飞机一样着陆，这次飞行成为航天史上的重要里程碑。航天飞机集中了许多尖端的现代科技成果，是火箭、航天器、航空器的综合产物，它的最大特点是可以多次重复使用，成本较低而且用途广泛。

现在的航天飞机都是像火箭一样垂直升空的，对宇航员的身体素质和反应能力的要求较高。而正在研制中的下一代航天飞机可以像普通飞机一样起飞，这样普通人就能实现遨游太空的梦想了。

想一想

❶ V2 火箭是谁主持研制的？

❷ "阿波罗计划"的最终目的是什么？

新世纪的太空工厂

提到工厂，浮现在你眼前的一定是整齐的厂房、林立的烟囱和里面忙忙碌碌的工人。其实这只是20世纪工厂的模样，21世纪地球上的工厂将是花园式的，更迷人的设想是预计到本世纪下半叶，有相当一部分工厂将搬到太空轨道上！

　　目前，人们已经在太空中建立了空间站，宇航员们在空间站里做各种科学观测和试验，并乘坐宇宙飞船定期"上、下班"。这就是太空工厂的雏形。随着航天技术的发展，空间站可以不断地扩充，而过去的科学试验也将逐渐变成实用产品的制作。利用宇宙空间的高真空、强辐射、超低温、无噪声和失重等特殊环境条件，人们可以进行新型材料加工和试制新的贵重药品。

　　你在电视上看到过钢水出炉吗？太空钢厂可不需要那么笨重的钢炉和起重机。在失重状态下，物体能自由悬浮在空中，人们用电磁力控制钢水的位置，炼钢也不再需要那么笨重的炼钢炉。即使加热到极高温度，也不用担心钢炉受不了，而且由于冶炼过程中不同任何外物接触，所以炼出的钢材"一尘不染"，具有极高的纯度。其他高熔点金属也可以用同样的办法冶炼。

　　在太空药厂里，至少可以制取几十种特效生物药品。例如，可治糖尿病的B细胞、治疗侏儒症的生长激素、治疗贫血的抗溶血因子、治疗病毒性疾病和癌症的干扰素等。

　　空间产业有着十分诱人的前景和经济效益，但目前尚处于探索阶段。我们只有学好科学知识，才能肩负起将人类智慧延伸到太空的历史使命。

想一想

1　太空工厂可以生产哪些东西？

2　畅想未来的太空工厂。

未来的月球基地

1969年，当美国"阿波罗11号"飞船在月球登陆时，人们可以通过电视直播看到向往已久的月球的"真面目"：没有大气，没有水，没有生命，是一个十足的寂静的荒漠。50多年过去了，随着人们对月球了解的进一步深入，最初的失望又逐渐变成了热切的希望。

人们开始计划开发这个陪伴地球多年的星球。

月球上虽然没有生命，但从月球上采集到的月球岩石标本表明，月球上蕴藏着铁、镍、铝、锰、铀等重要金属原料，是一个十分丰富的资源宝库。如果将这些资源开发出来，可供人类使用1000年以上。

生命之源是水，尽管月球上没有液态水和气态水，但科学家惊喜地发现，在月球的南北两极有大量的水冰。1998年1月发射的"月球探测者"号无人探测器登上月球后发现，月球南北两极冰的储存量为10亿~100亿吨，在月球极区甚至还有冰湖。这些水足够1000户两口之家用1000多年！有了这些宝贵的水，在月球上建立基地就不再只是梦想了。

人们计划在不久的将来，载人飞船重返月球，向月球上运送科学仪器和生活设施，开展科学实验，制造氧气，建立起生活和研究基地。下一

步，人们将把月球建设成永久性的居住地。在一个封闭的生活空间中，人们可以开展科学研究、技术实验、资源开发、材料加工等活动，充分利用月球上的资源，将月球基地建设成人类的第二家园。到那时，月球上的人们在夜空中所看到的将不再是星星和月亮，而是星星和地球了。

想一想

1 月球上有水吗？

2 畅想未来的月球基地。

明天的宇宙航行

20世纪的后40年，人类开始走向太空。一些里程碑式的事件是我们应该牢记的：1961年，苏联宇航员加加林第一个乘"东方一号"飞船进入太空；1969年美国"阿波罗11号"飞船登上月球；1981年美国"哥伦比亚号"航天飞机首次发射；1999年中国"神舟号"飞船胜利升空；2021年中国"天问一号"探测器成功登陆火星……

面对这些奇迹，同学们也许会想，将来我们会怎样遨游太空呢？现在的宇宙飞船和航天飞机，都需要用大推力的火箭才能送上天，每次发射要花很多钱，也装不下几个宇航员。为了让普通人也能飞上太空，科学家正在研究一种空天飞机。空天飞机是一种酷似普通飞机的宇宙飞船，它既能像普通飞机一样水平起飞，又能像宇宙飞船和航天飞机一样进入太空轨道，完成使命后又可水平降落。空天飞机一次可以乘坐几百名乘客，也可以将大批货物运往太空，它将成为我们未来最方便的"公共汽车"。

由于现在的飞船和航天飞机每秒最快也只能飞行大约10千米，想用这种速度飞出太阳系、银河系去遥远的星际漫游，跟蜗牛爬树没什么两样。不过聪明的人类没有被困难吓倒，未来的新型宇宙飞船正向我们走来。

为了跑得快、节约成本，未来的飞船个子不大，它们将使用核能、太阳能、电磁能和激光等新型能源，并有非常巧妙的设计。例如，离子飞船的构想是，将铯、水银等金属原子在高温下变成一些能够流动的离子，再利用电磁力使它们以极快的速度向后喷出，这样就可以长时间地为飞船提供巨大的推进力。

人们还想飞得更快。未来的人类可能会使用光子火箭，如果持续加速，光子火箭推动的飞船将接近光速，每秒30万千米。届时，人们只要花上5年的时间，就可以到离太阳最近的另一恒星去探险了。

想一想

1. 列举几个重要的航天事件。
2. 空天飞机有什么特点？

"两弹一星"的辉煌

1949年，沉沦了百年的中华民族终于站起来了！为了彻底摆脱落后和挨打的被动局面，新中国的最高领导层将发展尖端科技摆在了十分重要的位置。1956年，毛泽东主席说："我们要不受人欺负，就不能没有原子弹。"1957年，苏联人造卫星上天，次年毛泽东主席提出"我们

也要搞人造卫星"。1964年，他又指出"原子弹要有，氢弹也要快"。在国家领导人的直接关怀下，新中国的第一代科技人员，自力更生，勇于创新，最终取得了"两弹一星"的辉煌成就。

担任中国原子弹研制计划小组组长的邓稼先，是新中国第一代知识分子的优秀代表。1950年，年仅26岁的他在美国普渡大学获得了物理学博士学位后，立

即回到了刚刚成立的新中国。从1959年开始，为了国家的利益，他放弃了已经取得有影响的成果的理论物理研究，转向从未涉足的原子弹研制工作。从此，邓稼先带领着计划小组的同志们，开始了艰难的开拓：没有文献资料，自己演算；不知道核爆炸时所需要的中子数量，就从原子反应堆的事故报告中倒推；无法进行模拟实验，就用成千上万次计算替代。当时，只有几台手摇计算机和台式计算机，中科院的一台万次计算机也只能限期使用。他们所进行的计算，被华罗庚称为"集世界数学难题之大成"。有一次，为了修改一个苏联专家遗留下的错误，邓稼先进行了9次计算，花去了9个月时间。

1964年10月16日，中国第一颗原子弹爆炸成功。10月20日，放射性烟尘飘过美国，美国中央情报局立即分析得出，这是一颗货真价实的原子弹，而且材料是比美苏第一颗原子弹所用的钚239还先进的铀235。中国令世界刮目相看。

仅仅两年零八个月后，中国又成功爆炸了第一颗氢弹，成为世界上第四个掌握氢弹技术的国家，创造了核发展史上的一个奇迹。又过了将近六年，科技人员克服重重困难，使中国人在20世纪70年代的第一个春天实现了"卫星上天"的梦想。当我们今天观看"长征"系列运载火箭为外国人发射卫星的时候，千万不要忘了，那是一代代科技工作者为中华民族之崛起而锐意创新、全力拼搏的成果。

想一想

① 中国第一颗原子弹所用的核材料是什么？

② 中国科技工作者为什么能取得"两弹一星"的成功？